AF262529

ABRÉGÉ ÉLÉMENTAIRE

DE CHIMIE

INORGANIQUE ET ORGANIQUE

CONSIDÉRÉE COMME SCIENCE ACCESSOIRE

À L'ÉTUDE DE LA MÉDECINE, DE LA PHARMACIE, DE L'HISTOIRE NATURELLE

ET DE LA TECHNOLOGIE :

PAR J.-L. LASSAIGNE,

Professeur de chimie et de physique médicales à l'École royale vétérinaire d'Alfort, et de chimie
industrielle à l'école spéciale du commerce de Paris,
membre de la Société de chimie médicale et de pharmacie, membre correspondant de l'Académie royale de
médecine et de la Société philomatique de la même ville, titulaire de la Société centrale
de médecine vétérinaire, membre honoraire de l'Athénée du Beauvaisis, correspondant de la
Société royale de médecine de Marseille, de la Société d'émulation de Cambrai,
de la Société royale des sciences de Nancy, de la Société des pharmaciens
de l'Allemagne septentrionale, etc.

Quatrième Édition,

REVUE, CORRIGÉE ET AUGMENTÉE.

Atlas.

PARIS,

LABÉ, LIBRAIRE DE LA FACULTÉ DE MÉDECINE DE PARIS,

PLACE DE L'ÉCOLE DE MÉDECINE, 4.

—

1846.

AVIS AU LECTEUR.

Les mots *hydrosulfate de potasse*, *sulfocyanate de potasse*, *ferro-cyanate de potasse*, *hydrochlorate de cobalt*, *hydrochlorate de nickel*, étant employés dans l'explication des réactions exposées dans les tableaux coloriés de cet Atlas, le lecteur est prié d'y substituer les mots *sulfure de potassium*, *sulfocyanure de potassium*, *cyanure de fer et de potassium*, *protochlorure de cobalt* et *protochlorure de nickel*, ces derniers mots étant en rapport avec la nomenclature admise dans la troisième édition de l'ouvrage.

CORBEIL, IMPRIMERIE DE CRÉTÉ.

FER.

Sels à base de Protoxide.

Couleur de la Solution.
{ 1.° Foible.
2.° Concentrée.

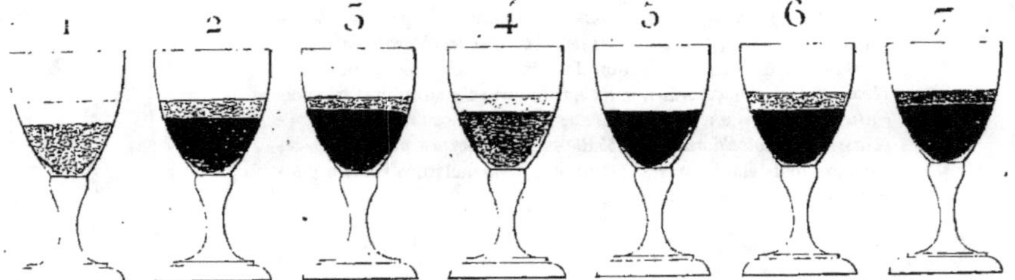

Explication de la Planche.

N.° 1   Sel de protoxide de fer et potasse (précipité formé instantanément.)

2   Sel de protoxide de fer et potasse (précipité exposé a l'air.)

3   Sel de protoxide de fer et potasse (précipité traité par le chlore.)

4   Sel de protoxide de fer et ferro-cyanate de potasse.

5   Sel de protoxide de fer et ferro-cyanate (précipité traité par le chlore)

6   Sel de protoxide de fer et hydrosulfate de potasse.

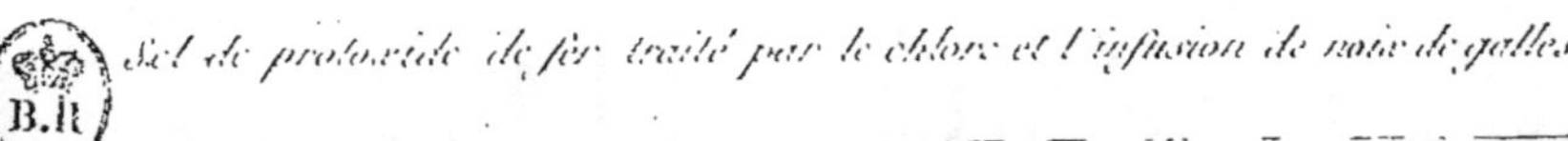
7   Sel de protoxide de fer traité par le chlore et l'infusion de noix de galles.

FER.

Sels à base de Tritoxide.

Couleur de la Solution { 1° Faible. 2° Concentrée. }

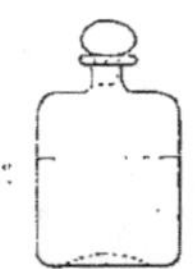

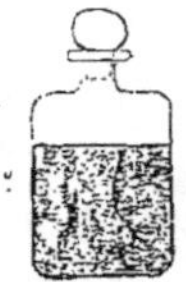

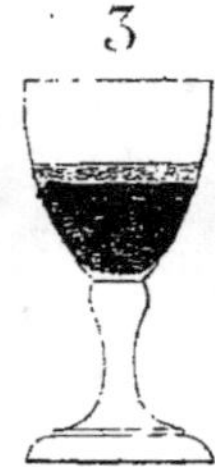

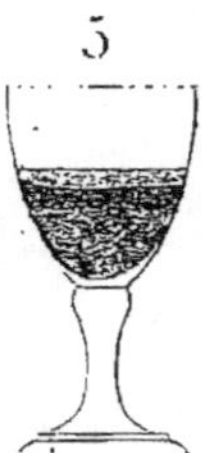

Explication de la Planche.

N° 1   Sel de tritoxide de fer et Potasse ou ammoniaque.

2   Sel de tritoxide de fer et ferro-cyanate de potasse.

3   Sel de tritoxide de fer et infusion de noix de Galles.

4   Sel de tritoxide de fer et hydro-sulfate de potasse.

5   Sel de tritoxide de fer et sulfo-cyanate de potasse.

Millet Sculp.

ETAIN.

Sels à base de Protoxide.

Solution incolore.

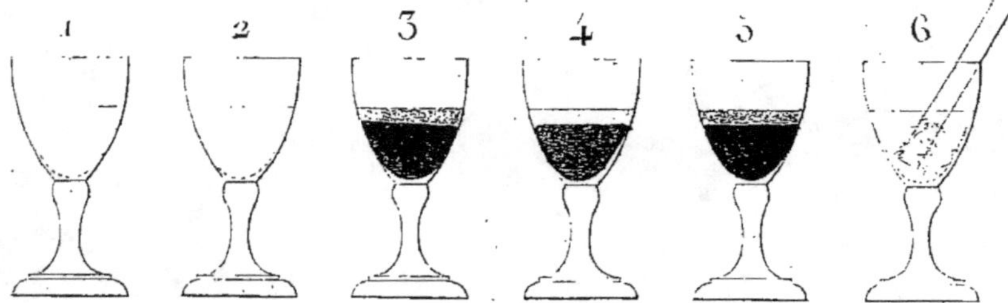

Explication de la Planche.

N.º 1 Sel de protoxide d'étain et potasse caustique, precipité soluble dans un excès.

2 Sel de protoxide d'étain et ammoniaque, precipité insoluble dans un excès.

3 Sel de protoxide d'étain et acide hydro-sulfurique ou hydro-sulfate.

4 Sel de protoxide d'étain et chlorure d'or. (solution étendue.)

5 Sel de protoxide d'étain et chlorure d'or (solution concentrée.)

6 Sel de protoxide d'étain decomposé par lame de Zinc.

ZINC.

Sels à base d'Oxide de Zinc.

Solution incolore.

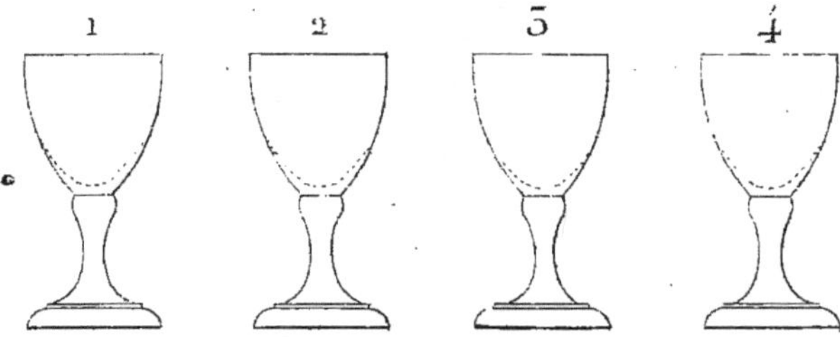

Explication de la Planche.

N.º 1   Sel de Zinc et Potasse caustique, précipité soluble dans un excès.

2   Sel de Zinc et ammoniaque, précipité soluble dans un excès.

3   Sel de Zinc et hydro-sulfate de Potasse ou d'ammoniaque.

4   Sel de Zinc et ferro-cyanate de Potasse.

Lassaigne Del.   Millet Sculp.

ANTIMOINE.

Sels à base de Protoxide.

Solution incolore.

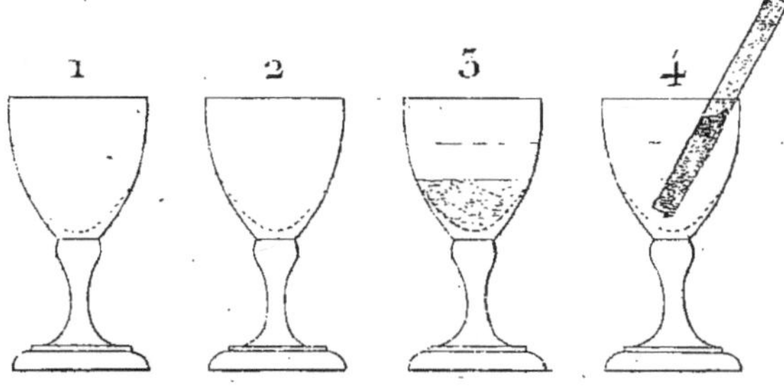

Explication de la Planche.

N° 1 Sel d'Antimoine et Potasse.

2 Sel d'Antimoine et ammoniaque.

3 Sel d'Antimoine et acide hydro-sulfurique ou hydro-sulfate.

4 Sel d'Antimoine décomposé par le Zinc.

CUIVRE.

Sels à base de Deutoxide.

Couleur de la Solution : { 1.° Faible .
{ 2.° Concentrée .

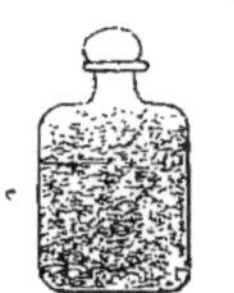

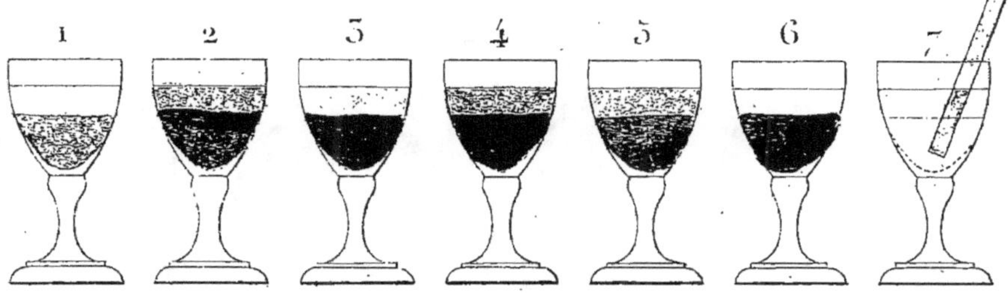

Explication de la Planche.

N.° 1   Sel de Cuivre et Potasse caustique .

2   Sel de Cuivre et ammoniaque en excès .

3   Sel de Cuivre et ferro-cyanate de Potasse .

4   Sel de Cuivre et acide hydro-sulfurique ou hydro-sulfaté

5   Sel de Cuivre et arsenite de Potasse .

6   Sel de Cuivre et hydriodate de Potasse .

7   Sel de Cuivre et lame de Fer .

PLOMB.

Sels a base de Protoxide

Solution incolore.

Explication de la Planche.

N° 1 Sel de Plomb et Solution de Potasse caustique.

2 Sel de Plomb et Solution de sous Carbonate de Potasse.

3 Sel de Plomb et acide hydrosulfurique ou hydrosulfate.

4 Sel de Plomb et acide sulfurique ou Solution d'un sulfate.

5 Sel de Plomb et chromate de Potasse.

6 Sel de Plomb et hydriodate de Potasse.

7 Sel de Plomb et lame de Zinc.

MERCURE.

Sels à base de Protoxide.

Solution incolore.

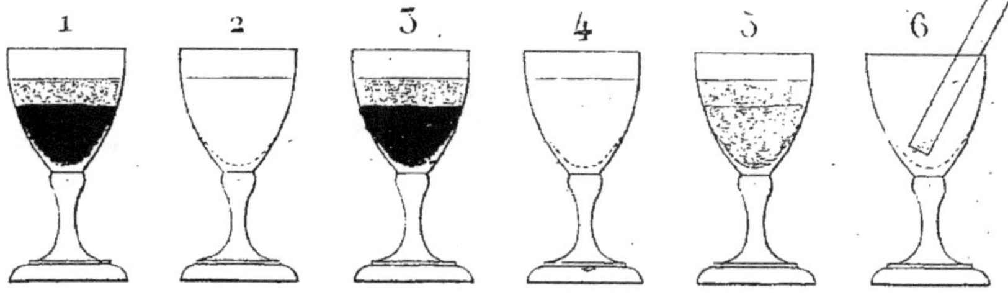

Explication de la Planche.

N° 1 Sel de Protoxide de Mercure et Potasse ou ammoniaque.

2 Sel de Protoxide de Mercure et acide hydrochlorique.

3 Sel de Protoxide de Mercure et hydrosulfate de Potasse.

4 Sel de Protoxide de Mercure et hydriodate de Potasse.

5 Sel de Protoxide de Mercure et chrômate de Potasse.

6 Sel de Protoxide de Mercure et lame de Cuivre.

MERCURE.

Sels à base de Deutoxide.

Solution incolore.

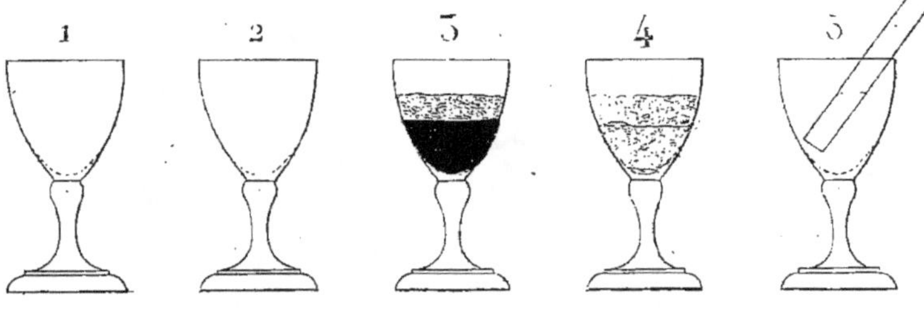

Explication de la Planche.

N.º 1   Sel de Deutoxide de Mercure et Potasse ou eau de Chaux.

2   Sel de Deutoxide de Mercure et ammoniaque.

3   Sel de Deutoxide de Mercure et hydrosulfate de Potasse.

4   Sel de Deutoxide de Mercure et hydriodate de Mercure.

5   Sel de Deutoxide de Mercure et lame de Cuivre.

ARGENT.

Sels à base d'Oxide d'Argent.

Solution incolore.

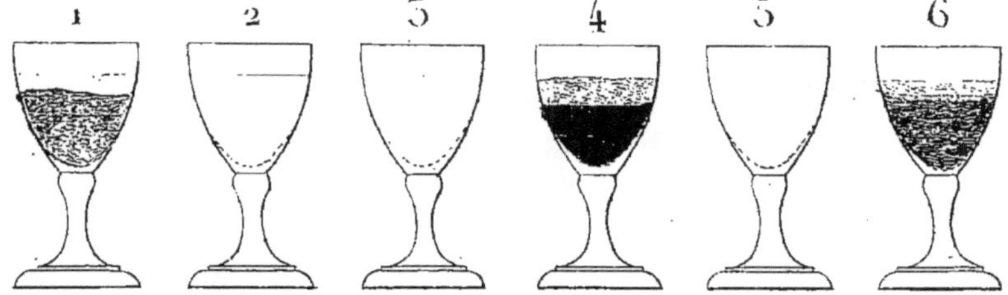

Explication de la Planche.

N.° 1   Sel d'Argent et Solution de Potasse caustique.

2   Sel d'Argent et acide hydrochlorique ou hydrochlorate.

3   Sel d'Argent et acide hydrochlorique (précipité exposé à la lumière.)

4   Sel d'Argent et acide hydrosulfurique ou hydrosulfate.

5   Sel d'Argent et hydriodate de Potasse.

6   Sel d'Argent et chromate de Potasse.

OR.

Couleur de la Solution { 1° *Faible.* 2° *Concentré.*

Explication de la Planche.

N° 1 *Chlorure d'Or et eau de Baryte.*

2 *Chlorure d'Or et ammoniaque.*

3 *Chlorure d'Or. Solution concentrée et Protochlorure d'Étain en excès.*

4 *Chlorure d'Or. Solution étendue et Protochlorure d'Étain.*

5 *Chlorure d'Or et Proto-sulfate de Fer.*

PLATINE.

Couleur de la Solution.
1.^{Faible}
2.^{Concentrée}

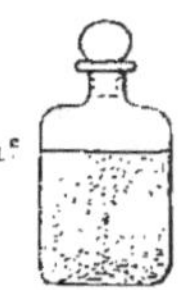

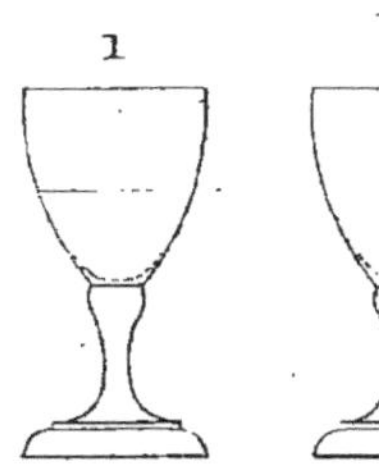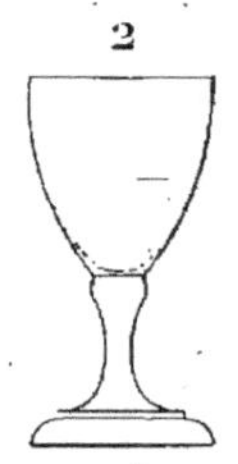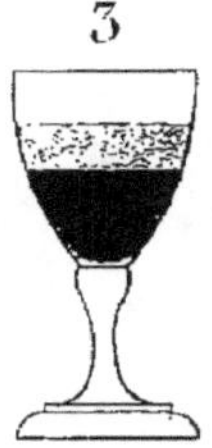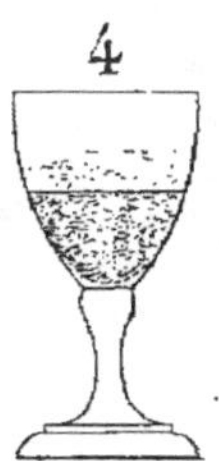

Explication de la Planche.

N.º 1 Chlorure de Platine et Chlorure de Potassium ou Potasse.

2 Chlorure de Platine et hydro-chlorate d'ammoniaque.

3 Chlorure de Platine et hydro-sulfate de Potasse.

4 Chlorure de Platine Solution etendue et hydriodate de Potasse.

5 Chlorure de Platine et lame de Zinc.

Gillet Sculp.t

ARSENIC.

Acide Arsénieux *(Arsenic blanc.)*

Solution incolore.

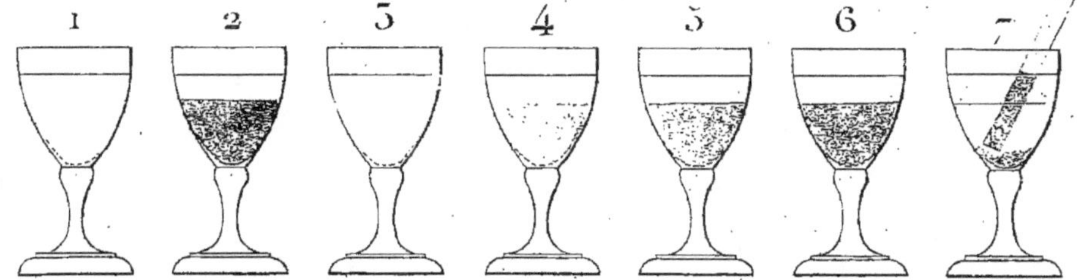

Explication de la Planche.

N° 1 Solution d'acide Arsénieux et acide hydro-sulfurique.

2 Solution d'acide arsénieux et sulfate de Cuivre ammoniacal.

3 Solution d'acide arsénieux et eau de Chaux.

4 Solution d'Arsénic saturée par la Potasse et nitrate d'Argent.

5 Solution d'Arsénic saturée par la Potasse et hydrochlorate de cobalt.

6 Solution d'Arsénic saturée par la Potasse et hydrochlorate de Nickel.

7 Solution d'acide arsénieux acidulée par l'acide sulfurique et mise

en contact avec un barreau ou lame de Zinc.

ARSENIC.
Acide Arsénique.

Solution incolore.

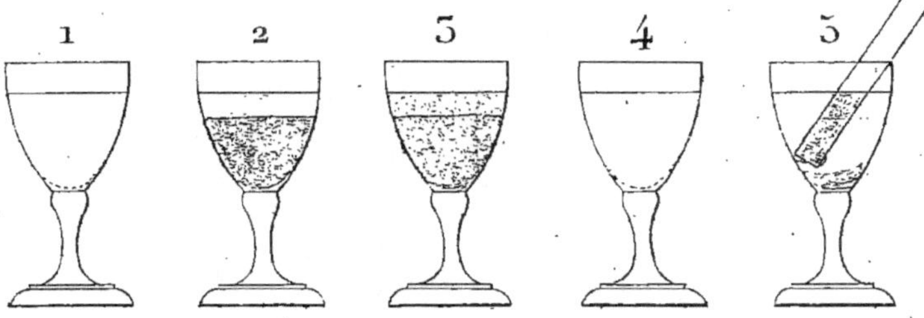

Explication de la Planche.

N.º 1 Solution d'acide arsénique et eau de Chaux ou de Barite.

2 Solution d'acide arsénique et sulfate de Cuivre ammoniacal.

3 Solution d'acide arsénique saturée par la Potasse et nitrate d'Argent.

4 Solution d'acide arsénique et acide hydrosulfurique, effet non extemporané.

5 Solution d'acide arsénique et lame de Zinc.

Lassaigne Del.   Millet Sculp.

Fig. 1.

Fig. 1. bis.

Fig. 2.

Fig. 3.

Fig. 4.

Fig. 5.

Fig. 6.

Fig. 7.

Fig. 8.

Fig. 8. bis.

Fig. 9.

Fig. 10.

Fig. 11.

Fig. 12.

Fig. 13.

Fig. 13. bis.

Fig. 14.

Fig. 15.

Fig. 16.

Fig. 17.

Fig. 18.

Fig. 19.

Fig. 20.

Fig. 21.

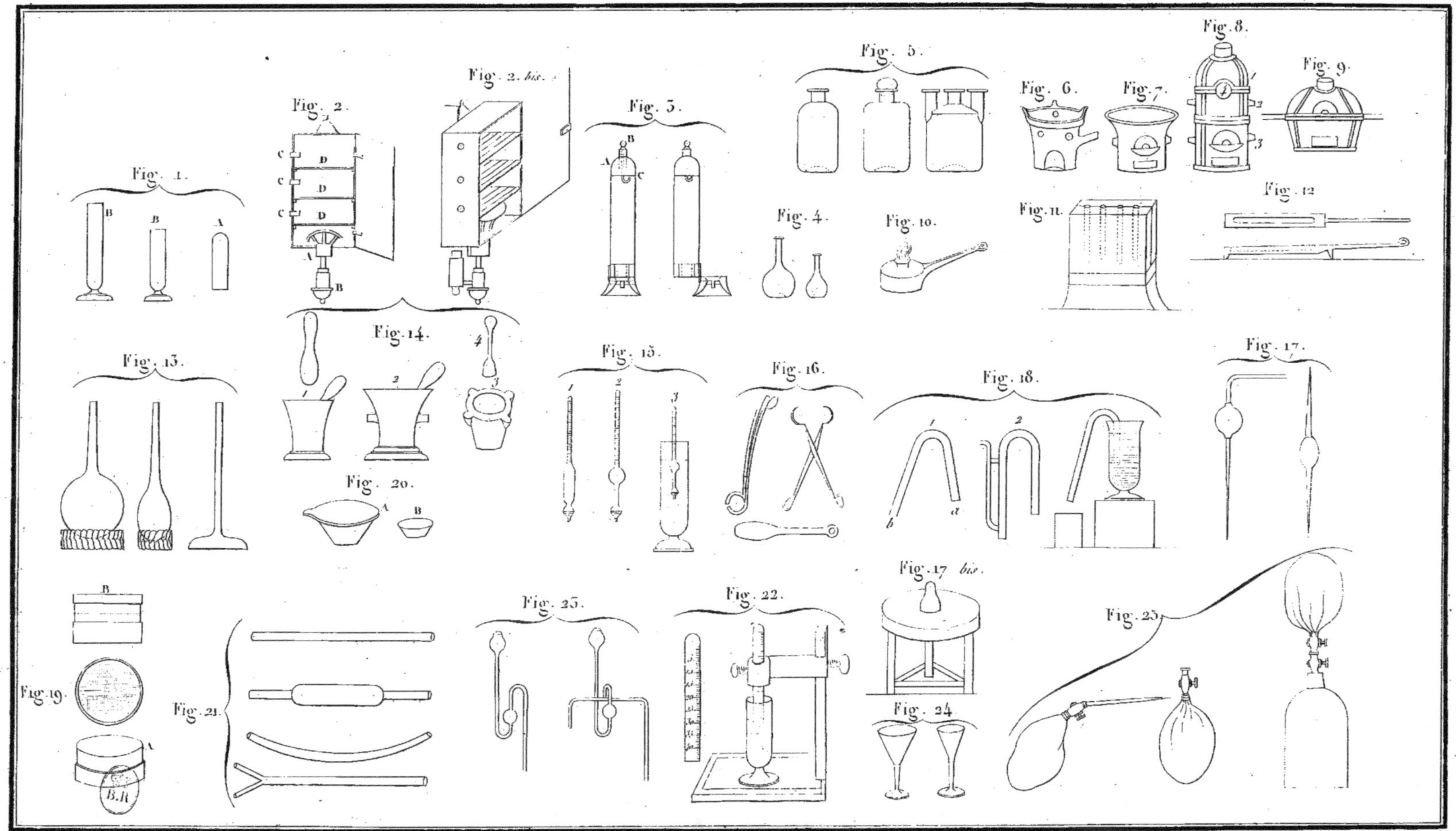
Fig. 1.
Fig. 2.
Fig. 2. bis.
Fig. 3.
Fig. 4.
Fig. 5.
Fig. 6.
Fig. 7.
Fig. 8.
Fig. 9.
Fig. 10.
Fig. 11.
Fig. 12
Fig. 13.
Fig. 14.
Fig. 15.
Fig. 16.
Fig. 17.
Fig. 17 bis.
Fig. 18.
Fig. 19.
Fig. 20.
Fig. 21.
Fig. 22.
Fig. 23.
Fig. 24
Fig. 25.

Lassaigne Del.

Pillet Sculp.

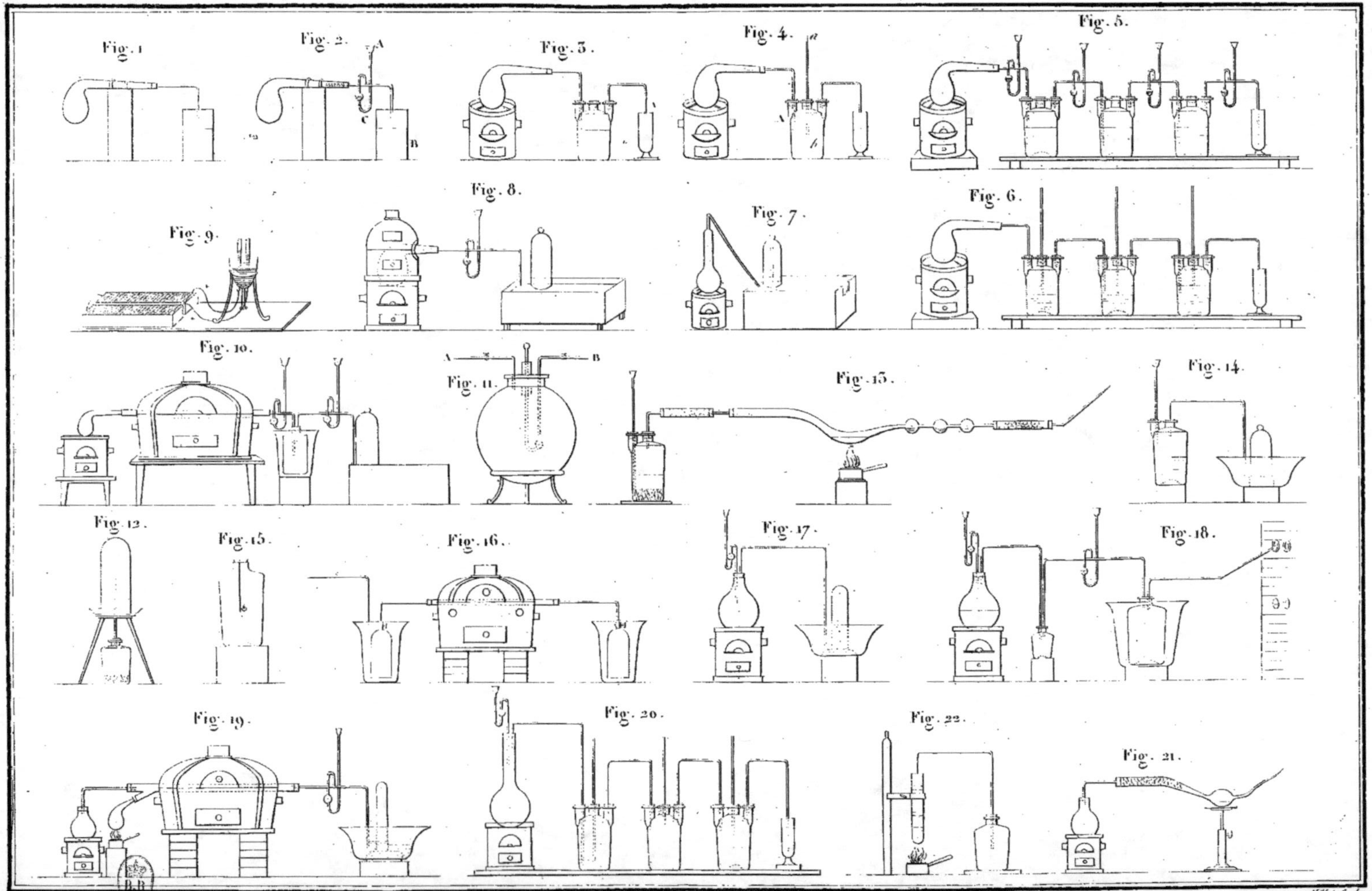

Fig. 1.

Fig. 2.

Fig. 3.

Fig. 4.

Fig. 5.

Fig. 6.

Fig. 7.

Fig. 8.

Fig. 9.

Fig. 10.

Fig. 11.

Fig. 13.

Fig. 14.

Fig. 12.

Fig. 15.

Fig. 16.

Fig. 17.

Fig. 18.

Fig. 19.

Fig. 20.

Fig. 22.

Fig. 21.

Pl. 4.
Millet Sculp.
Laronche Del.
Fig. 1.
Fig. 2.
Fig. 3.
Fig. 4.
Fig. 5.
Fig. 6.
Fig. 7.
Fig. 8.
Fig. 9.
Fig. 10.
Fig. 11.
Fig. 12.
Fig. 13.
Fig. 14.
Fig. 15.
Fig. 16.
Fig. 17.
Fig. 18.
Fig. 19.
Fig. 20.
Fig. 21.
Fig. 22.

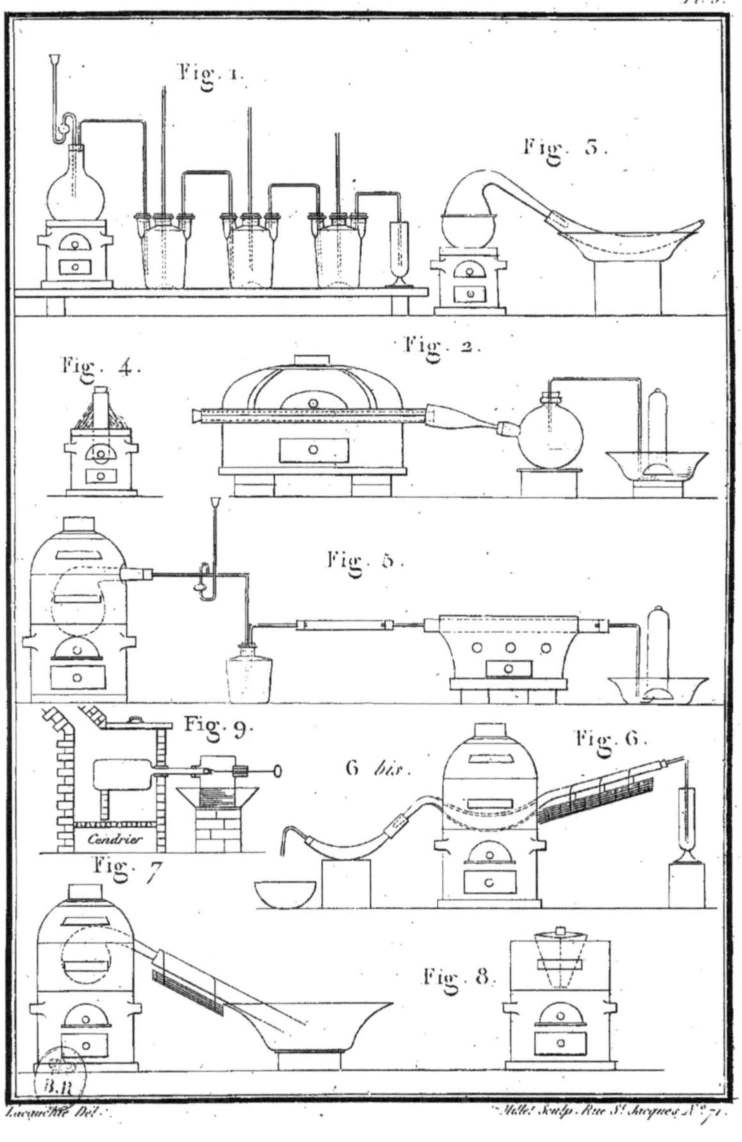

Fig. 1.
Fig. 3.
Fig. 4.
Fig. 2.
Fig. 5.
Fig. 9.
6 bis.
Fig. 6.
Cendrier
Fig. 7
Fig. 8.

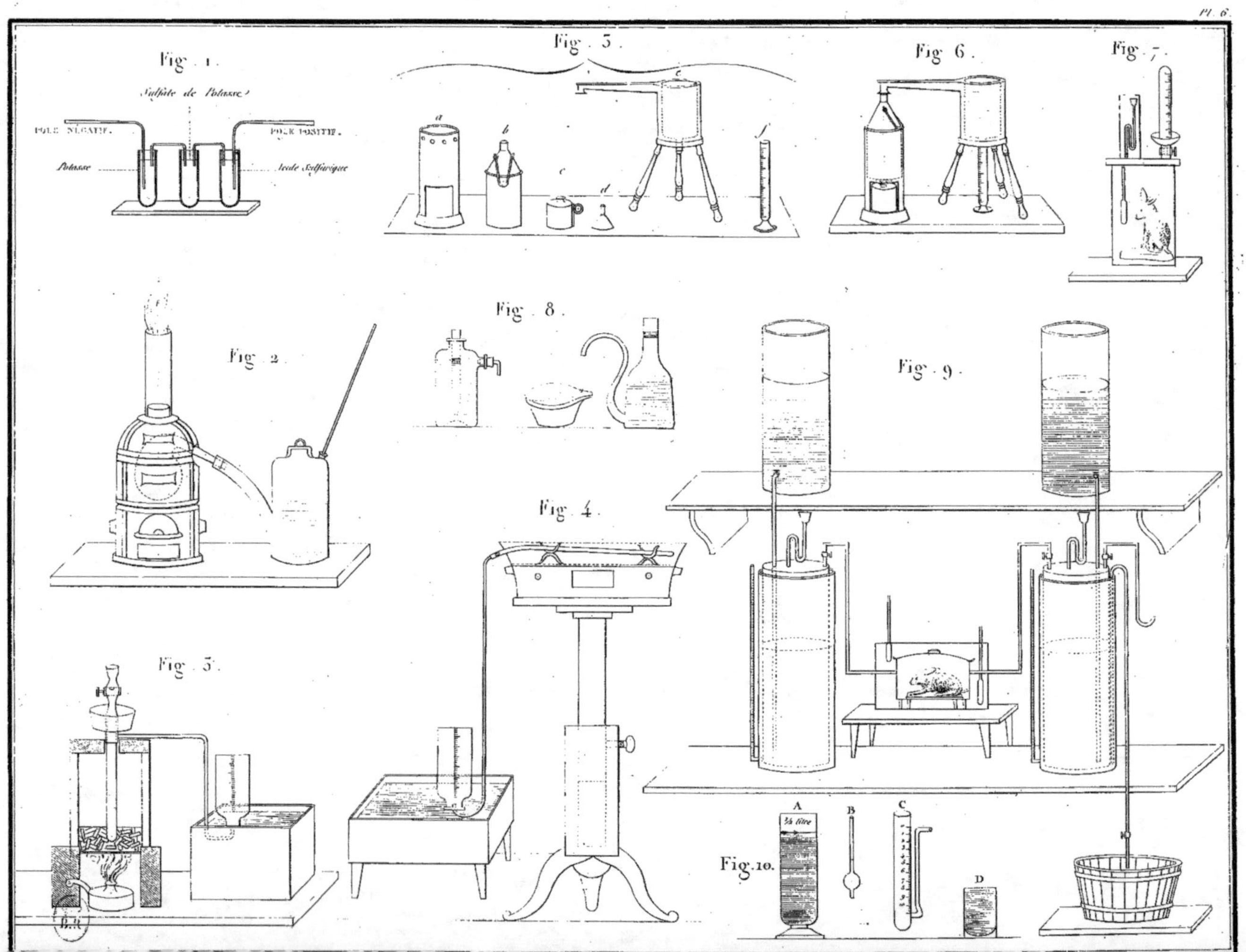
PL. 6
Fig. 1.
Sulfate de Potasse
POLE NÉGATIF.
POLE POSITIF.
Potasse
Acide Sulfurique
Fig. 2.
Fig. 3.
a
b
c
d
e
Fig. 4.
Fig. 5.
Fig. 6.
Fig. 7.
Fig. 8.
Fig. 9.
Fig. 10.
A
½ litre
B
C
D

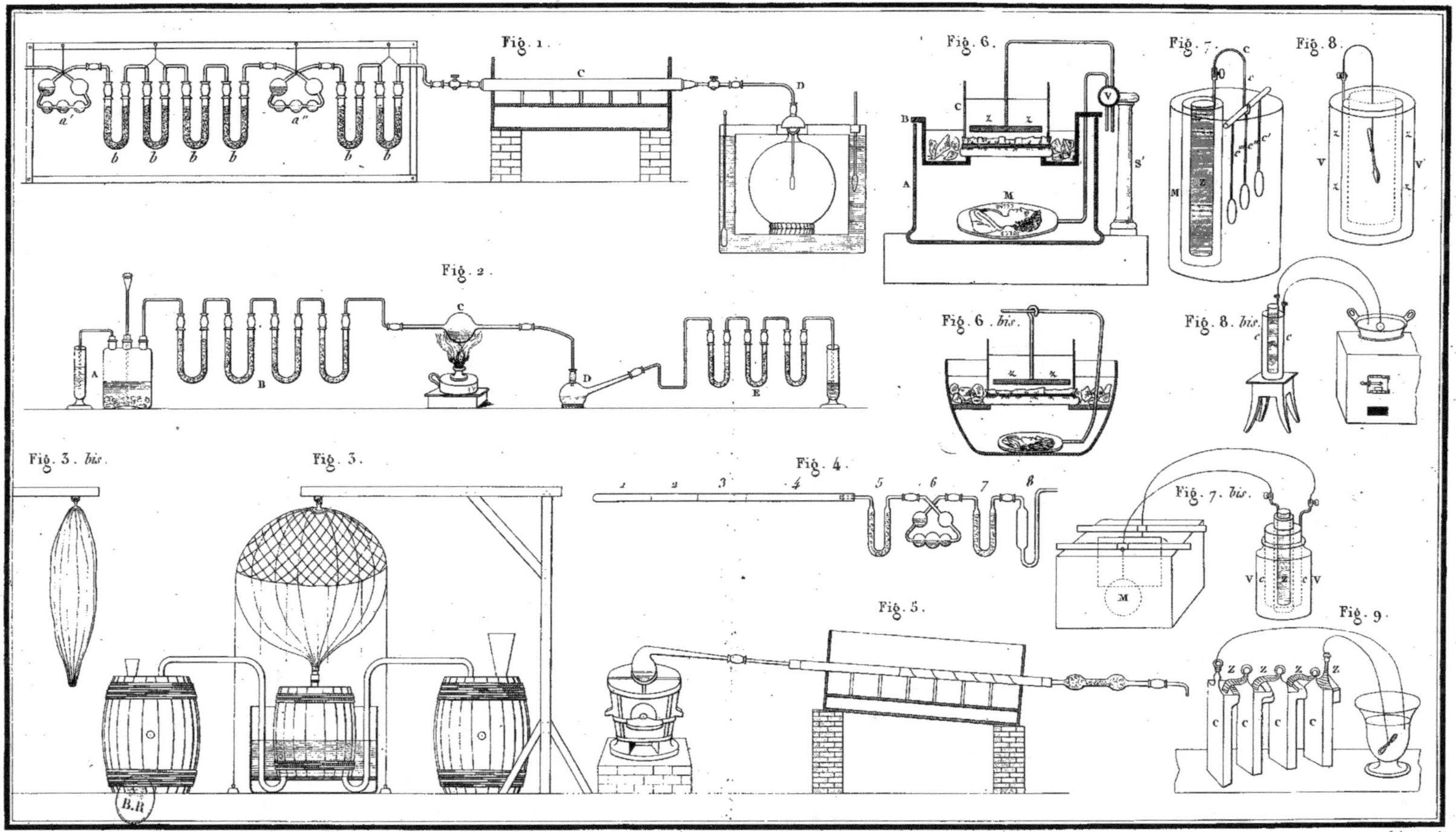

Pl. 7.
Fig. 1.
Fig. 2.
Fig. 3.
Fig. 3. bis.
Fig. 4.
Fig. 5.
Fig. 6.
Fig. 6. bis.
Fig. 7.
Fig. 7. bis.
Fig. 8.
Fig. 8. bis.
Fig. 9.
B. R.